学习

Eureka Math®
2年级
模块8

Great Minds PBC is the creator of Eureka Math®,
Wit & Wisdom®, Alexandria Plan™, and Phd Science™.

Published by Great Minds PBC. greatminds.org

Copyright © 2020 Great Minds PBC. All rights reserved. No part of this work may be reproduced or used in any form or by any means—graphic, electronic, or mechanical, including photocopying or information storage and retrieval systems—without written permission from the copyright holder.

ISBN 978-1-64929-256-8

1 2 3 4 5 6 7 8 9 10 CCD 25 24 23 22 21 20

Printed in the USA

学习・练习・成功

Eureka Math® 的学生教材 *A Story of Units*®（幼儿园到 5 年级）可以在学习、练习、成功三合一课程中取得。本系列支持差异学习和辅导，同时保持学生教材条理清晰且易于使用。教育人员会发现学习、练习和成功系列还具备连贯性的介入响应模式（Response to Intervention / RTI），因此学习更有效率，并提供额外练习和夏季学习资源。

学习

Eureka Math 学习可作为学生的课堂伙伴，帮助其展示自己的想法、分享他们知道的内容、看着他们每天累积知识。学习通过容易存放和浏览的书册集合了每日的课堂作业—应用题、课堂反馈条、习题集和模版。

练习

每堂 *Eureka Math* 课程从一系列充满活力、欢乐的熟练度活动开始进行，包括 *Eureka Math* 练习的内容。精通数学的学生可以更深入地掌握更多教材。通过练习，学生将掌握新习得的技能，并加强以前的学习，为下一堂课做准备。

学习和练习一起提供学生用于核心数学教学所需的所有印刷教材。

成功

Eureka Math 成功让学生可以独立学习并精通内容。每一课的额外习题集都与课堂的教学一致，因此非常适合当作家庭作业或额外练习。每个习题集都伴随一个家庭作业助手，它是一组说明如何解决类似问题的练习例题。

老师和导师可以使用前一年级的成功课本作为课程一致性的工具，以填补基础知识的落差。随着熟悉的模型加强与当前年级内容的联系，学生将蓬勃发展，并更快地进步。

学生，家庭和教育工作者：

谢谢您加入 *Eureka Math*® 社区，我们在此赞扬数学带来的乐趣、美好和震撼。

通过丰富的经验和对话，新的学习会在 *Eureka Math* 的课堂中获得启发。学习课本将学生所需的提示和习题顺序交到他们的手中，以展现并巩固他们在课堂里的学习。

学习课本里有什么内容？

应用题： 解决现实世界中的问题是 *Eureka Math* 日常教学的一部分。学生在各种全新的情况下运用他们的知识，可建立信心和毅力。本课程鼓励学生使用 RDW 流程——阅读习题，画图以理解问题，并写出算式和解题方法。当学生分享他们的作业并互相解释他们的解题策略时，教师会提供帮助。

习题集： 精心安排的习题集让学生有机会能在课堂上进行独立作业，并提供多种不同的切入点。老师可以使用"准备和定制"流程为每个学生选择"必做"的题目。某些学生会比其他人完成更多题目；重要的是，通过老师稍微的提点，所有学生都有 10 分钟的时间立即练习所学内容。

学生通过习题集达到每堂课的高峰点——学生汇报。在此学生会与同学和老师进行思考，说明并强化他们当天有疑问、注意到和学习到的东西。

课堂反馈条： 学生通过每日的课堂反馈条向老师展示他们的知识。这项理解程度的检查为老师提供了当天教学成果的珍贵实时证据，进而为下一次的教学重点提供重要的见解。

模板： 有时，"应用题"、"习题集"或其他课堂活动要求学生拥有自己的图片副本、可重复使用的模型或数据集。所有这些模板会在需要用到的第一堂课提供。

在哪里可以了解更多 *Eureka Math* 的资源？

Great Minds® 团队致力于通过不断扩充的资源库为学生、家庭和教育人员提供支持，请访问：eureka-math.org 。该网站还在 Eureka Math 社区提供了一些令人振奋的成功案例。通过成为Eureka Math优胜者与其他用户分享您的见解和成就。

祝福您一整年都充满着灵光乍现的时刻！

吉尔·迪尼兹（Jill Diniz）
数学总监
Great Minds

读–画–写流程

Eureka Math 课程让老师通过简单且可重复的教学流程支持学生解决问题。读–画–写（RDW）流程要求学生

1. 阅读习题。
2. 画图与标记。
3. 写出算式。
4. 写出句子（陈述）。

本课程鼓励教育人员加入以下问题来加强教学流程，例如：

- 你看到了什么？
- 你能画点东西吗？
- 你可以从图画中得出什么结论？

通过这种系统性与开放性的方法，学生参与习题推理的程度越深，他们就越能将思考过程消化吸收，并且在未来更能直觉性地应用这些技能。

内容

模块8：时间，形状和分数作为形状的相等部分

主题A：几何形状的属性

第 1 课 1

第 2 课 7

第 3 课 13

第 4 课 19

第 5 课 23

主题B：复合形状和分数概念

第 6 课 29

第 7 课 37

第 8 课 43

主题C：圆和矩形的一半，三分之一和四分之一

第 9 课 49

第 10 课 57

第 11 课 65

第 12 课 71

主题D：运用分数表达时间

第 13 课 77

第 14 课 81

第 15 课 87

第 16 课 101

单位的故事 第1课应用题 2•8

R(仔细阅读习题。)

特伦斯正在用12根牙签塑造形状。使用所有的牙签,制作他可以制作的3种不同形状。你还能找到多少其他组合?

D(画一幅图片。)

第1课: 根据属性描述二维形状。

姓名 _____ 日期 _____

1. 确定每种形状的边数和角数。如有需要,请计数时圈出每个角。第一个已经为你完成。

a.

   _3_ 边

   _3_ 角

b.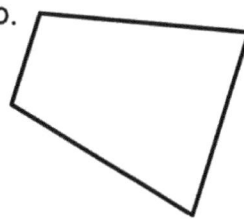

   ____ 边

   ____ 角

c.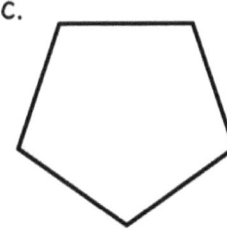

   ____ 边

   ____ 角

d.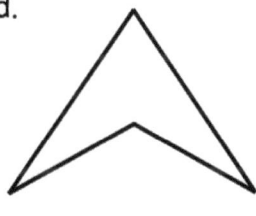

   ____ 边

   ____ 角

e.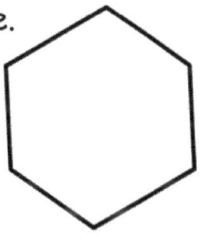

   ____ 边

   ____ 角

f.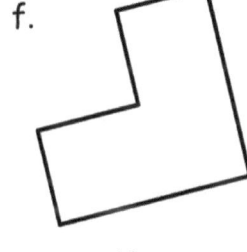

   ____ 边

   ____ 角

g.

   ____ 边

   ____ 角

h.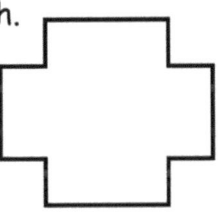

   ____ 边

   ____ 角

i.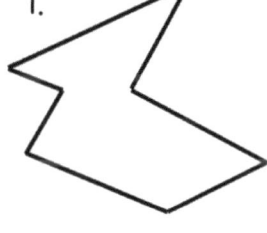

   ____ 边

   ____ 角

第1课: 根据属性描述二维形状。

2. 研究以下形状。然后答题。

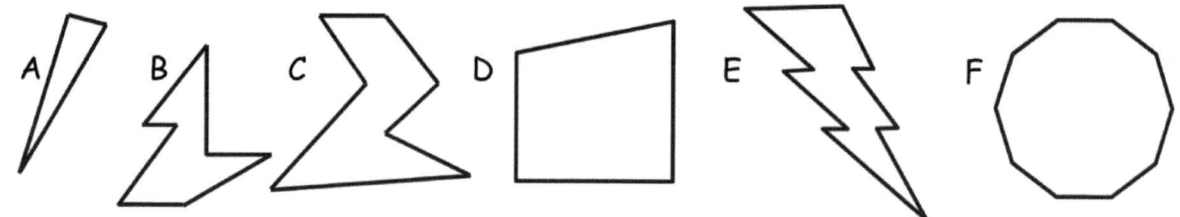

a. 哪种形状的边最多？ _____

b. 哪个形状比形状C多3个角？ _____

c. 哪个形状比形状B少3条边？ _____

d. 形状C比形状A多多少个角？ _____

e. 这些形状中的那些具有相同数量的边和角？ _____

3. 伊桑说下面的两个形状都是六边形，但只是不同的大小。解释他为什么不正确。

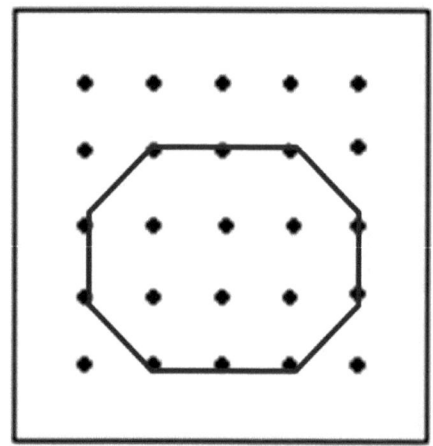 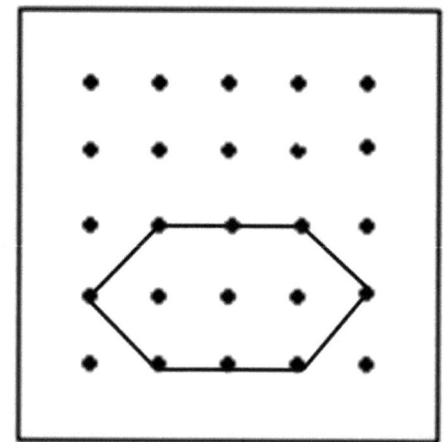

_____

_____

姓名 _____   日期 _____

研究以下形状。然后答题。

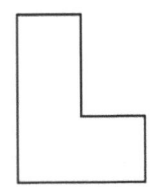

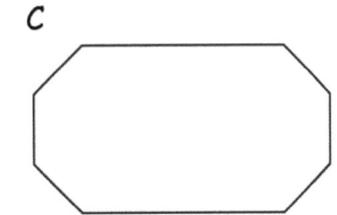
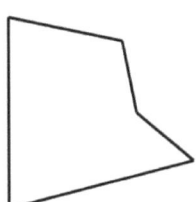

1. 哪种形状的边最多？ _____

2. 哪个形状比形状C少3个角？ _____

3. 哪个形状比形状B多3条边？ _____

4. 这些形状中的那些具有相同数量的边和角？ _____

R（仔细阅读习题。）

你可以找到几个三角形？（提示：如果你仅找到10个，请继续查看！）

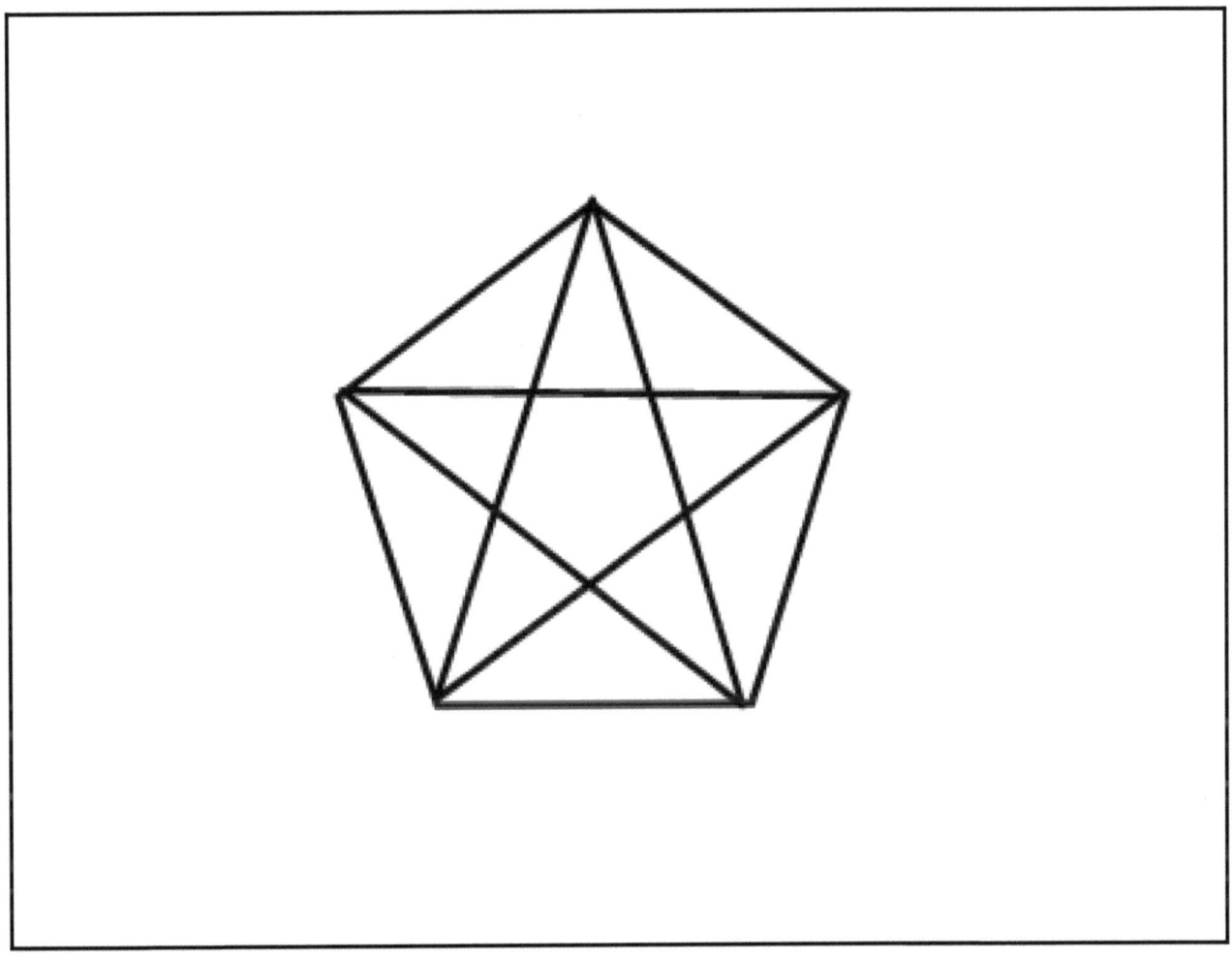

W（写一个与故事匹配的陈述。）

姓名 _____　　　日期 _____

1. 数数每种形状的边数和角数，以识别每个多边形。词库中的多边形名称可以多次使用。

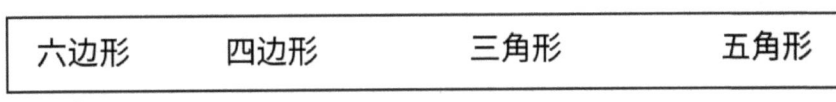
六边形　　四边形　　三角形　　五角形

a.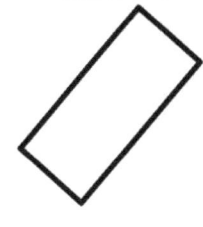
_____

b.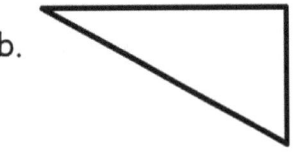
_____

c.
_____

d.
_____

e.
_____

f.
_____

g.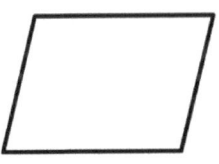
_____

h.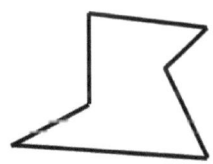
_____

i.
_____

j.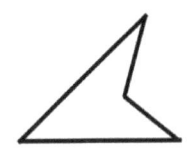
_____

k.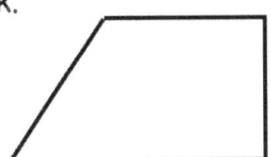
_____

l.
_____

2. 多画一些边以完成每个多边形的2个示例。

	例题 1	例题 2
a. 三角形 对于每个例题,添加了_____条线。 三角形总共有_____条边。		
b. 六边形 对于每个例题,添加了_____条线。 六角形总共有_____条边。		
c. 四边形 对于每个例题,添加了_____条线。 四边形总共有_____条边。		
d. 五角形 对于每个例题,添加了_____条边。 五边形总共有_____条边。		

3.
   a. 解释为什么多边形A和B都是六边形。

   _____

   _____

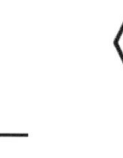
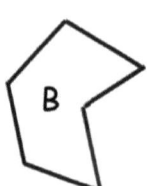

   b. 绘制一个与所示的两个不同的六边形。

4. 解释为什么多边形C和D都是四边形。

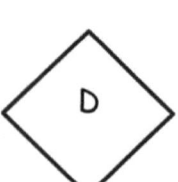

   _____

   _____

姓名 _____   日期 _____

数数每种形状的边数和角数，以识别每个多边形。词库中的多边形名称可以多次使用。

| 六边形 | 四边形 | 三角形 | 五角形 |

1.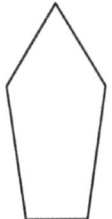
_____

2.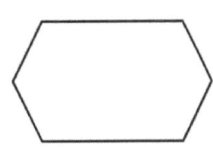
_____

3.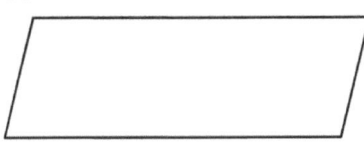
_____

4.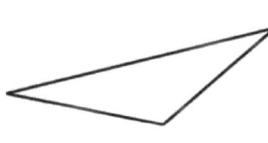
_____

5.
_____

6.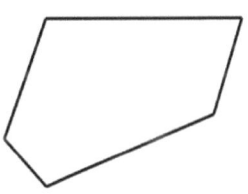
_____

R（仔细阅读习题。）

四边形的三条边长度如下：19厘米、23厘米和26厘米。如果形状的周长为86厘米，那么第四边的长度是多少？

D（画一幅图片。）

W（编写并求解方程式。）

第 3 课： 使用属性绘制不同的多边形，包括三角形、四边形、五边形和六边形。

W（写一个与故事匹配的陈述。）

姓名 _____   日期 _____

1. 使用直尺在右侧的空白处绘制具有给定属性的多边形。

   a. 绘制一个具有3个角的多边形。

      边数：_____

      多边形名称：_____

   b. 绘制一个五边形。

      角数：_____

      多边形名称：_____

   c. 绘制一个具有4个角的多边形。

      边数：_____

      多边形名称：_____

   d. 绘制一个六边形。

      角数：_____

      多边形名称：_____

   e. 将你的多边形与伙伴的多边形进行比较。

      在右边的空白处复制一个与你自己的示例完全不同的示例。

2. 使用直尺为每个多边形绘制2个新示例，这些示例与你在第一页上绘制的示例不同。

   a. 三角形

   b. 五角形

   c. 四边形

   d. 六边形

姓名 _____ 日期 _____

使用直尺在右侧的空白处绘制具有给定属性的多边形。

绘制一个五边形。

角数：_____
多边形名称：_____

第 3 课： 使用属性绘制不同的多边形，包括三角形、四边形、五边形和六边形。

姓名 _____ 日期 _____

1. 使用标尺绘制两条长度不同的平行线。

2. 使用标尺绘制两条长度相同的平行线。

3. 使用蜡笔在每个四边形上绘制平行线。对于具有两组平行线的每种形状，请使用两种不同的颜色。使用索引卡找到每个直角，然后将其框上。

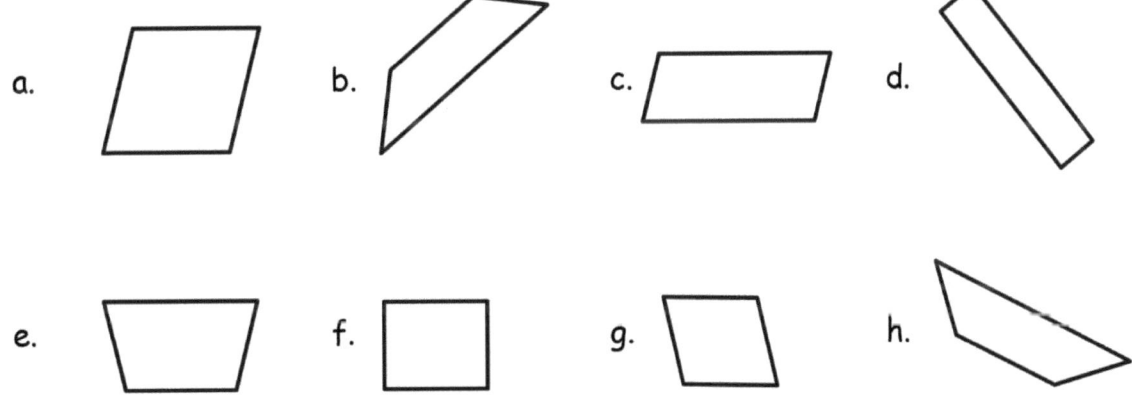

4. 绘制没有直角的平行四边形。

5. 绘制一个带有4个直角的四边形。

6. 使用厘米尺测量并标记右侧图形的各边。你注意到什么？准备好说说这个四边形的属性。你能记得这个多边形叫什么吗？

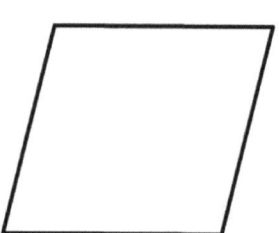

7. 正方形是特殊的矩形。有什么特别之处？

_____

_____

姓名 _____   日期 _____

使用蜡笔勾画每个四边形上的平行边。使用索引卡找到每个直角,然后将其框上。

1. 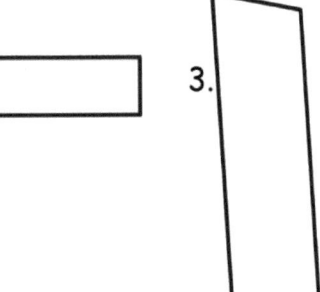   2. 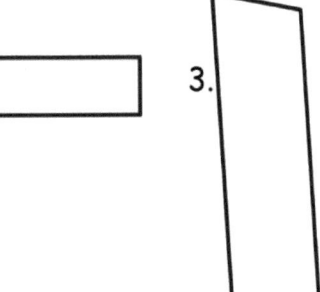   3. 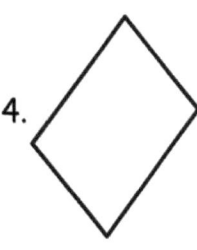   4.

R（仔细阅读习题。）

欧文用90根吸管制成五边形。他制作了一组5个五边形时，他注意到一个数字模式。他还可以将多少种形状添加到模式中？

D（画一幅图片。）

W（编写并求解方程式。）

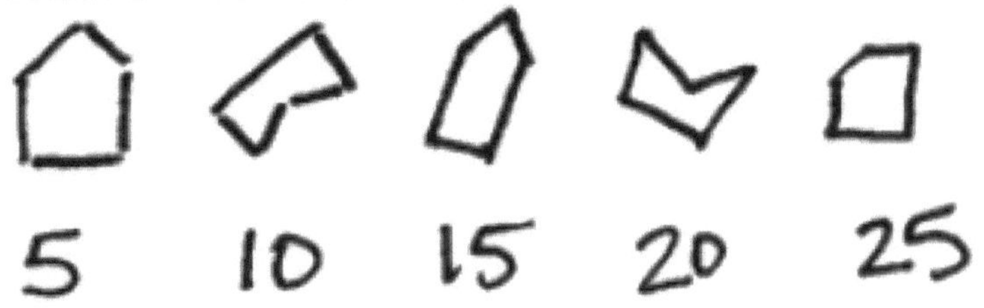

⌂	⟨	⌂	∨	□
5	10	15	20	25

第5课： 将正方形与立方体相关联，并根据属性描述立方体。

W（写一个与故事匹配的陈述。）

姓名 _____   日期 _____

1. 圈出可能是立方体表面的形状。

   ▭   ◇   ▱   ⏢

2. 你圈出的形状的最确切名称是什么？ _____

3. 一个立方体有几个面？ _____

4. 一个立方体有几条边？ _____

5. 立方体有几个角？ _____

6. 画6个立方体，然后在最好的立方体旁边放一颗星。

第一个立方体	第二个立方体
第三个立方体	第四个立方体
第五个立方体	第六个立方体

第 5 课： 将正方形与立方体相关联，并根据属性描述立方体。

7. 连接正方形的角以制作不同种类的立方体图形。已为你完成第一道题。

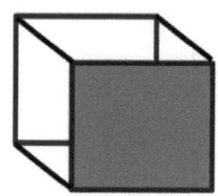 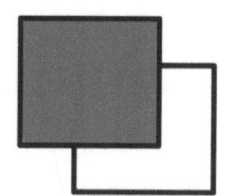 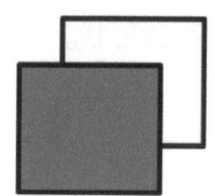 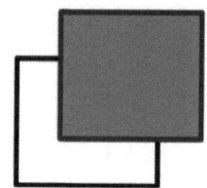

8. 德里克看着下面的立方体。他说一个立方体只有3个面。解释为什么德里克不正确。

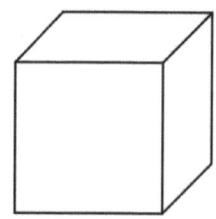

_____
_____
_____

姓名 _____ 日期 _____

画3个立方体。在最好的一个立方体旁放一颗星。

第 5 课: 将正方形与立方体相关联,并根据属性描述立方体。

R（仔细阅读习题。）

弗兰克比乔西少了19个立方块。弗兰克有56个立方块。他们想要用他们所有的立方块建造一座塔。他们将使用多少个立方块？

D（画一幅图片。）

W（编写并求解方程式。）

W（写一个与故事相符的陈述句。）

_____

_____

_____

单位的故事　　　　　　　　　　　　　　　　　　　　　　　　　　　　　　　　　　　第 6 课习题集　2•8

姓名 _____　　　　日期 _____

1. 在下面的空白处尽可能准确地识别七巧板中标记的每个多边形。

   a. _____

   b. _____

   c. _____

2. 使用七巧板块的正方形和两个最小的三角形来制作以下多边形。在提供的空白处绘制它们。

a. 一个四边形具有1对平行边。	b. 一个四边形不具有直角。
c. 具有4个直角的四边形。	d. 具有1个直角的三角形。

第 6 课：　组合形状以创建复合形状；从复合形状创建一个新的形状。

3. 使用七巧板块的平行四边形和两个最小的三角形来制作以下多边形。在提供的空白处绘制它们。

a. 一个四边形具有1对平行边。	b. 一个四边形不具有直角。
c. 四边形具有4个直角。	d. 具有1个直角的三角形。

4. 重新排列平行四边形和两个最小的三角形以形成一个六边形。在下面绘制新形状。

5. 重新排列七巧板块以制作其他多边形！在制作时识别它们。

姓名 _____   日期 _____

使用七巧板块制作两个新的多边形。绘制每个新多边形的图片,然后命名。

1.

2.

将七巧板切成7块拼图。

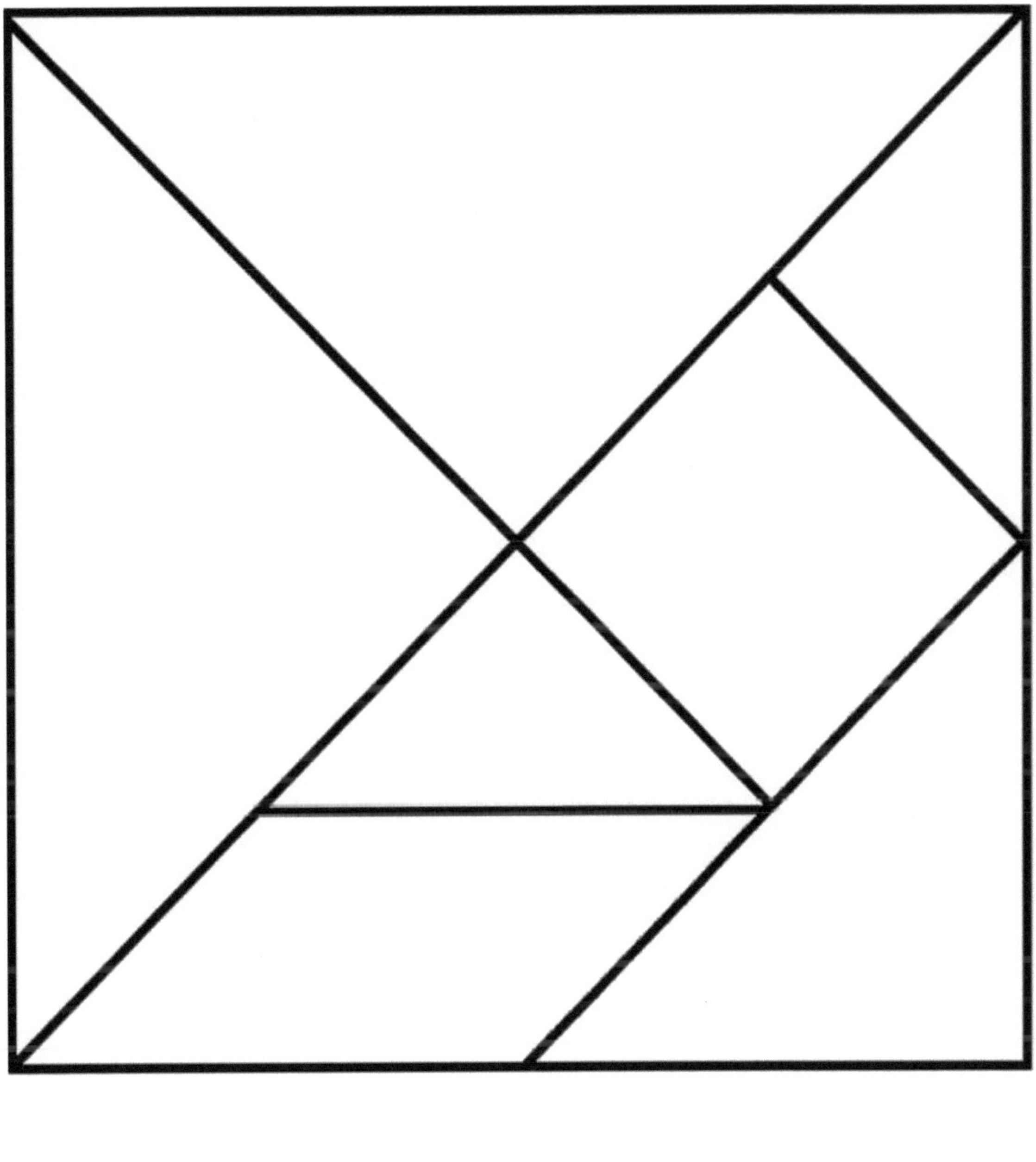

七巧板

R（仔细阅读习题。）

利比里亚夫人的学生正在收拾七巧板块。他们收集了13个平行四边形、24个大三角形、24个小三角形和13个中等三角形。其余的为正方形。如果他们总共收集97块，那么有多少个正方形？

D（画一幅图片。）

W（编写并求解方程式。）

W（写一个与故事相符的陈述句。）

_____

_____

_____

姓名 _____   日期 _____

1. 使用七巧板块求解以下智力游戏。在下面的空白处绘制解决方案。

a. 使用两个最小的三角形制作一个更大的三角形。	b. 使用两个最小的三角形来制作没有直角的平行四边形。
c. 使用两个最小的三角形组成一个正方形。	d. 使用两个最大的三角形组成一个正方形。
e. 部分 (a-d) 中较大的形状有几个等份？	f. 部分 (a-d) 中较大的形状中由多少两等份组成？

2. 圈出显示两等分的形状。

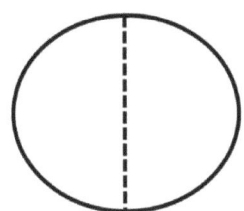 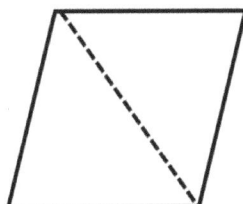 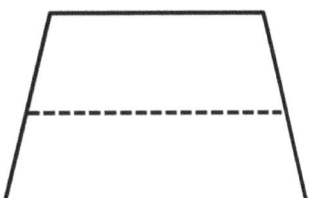 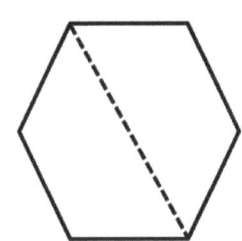

3. 说明3个三角形图案块如何利用一对平行线形成梯形。画出下面的形状。

   a. 梯形有多少等份？_____
   b. 梯形中有多少三等分？_____

4. 圈出显示三等分的形状。

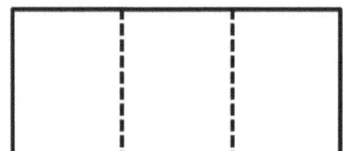 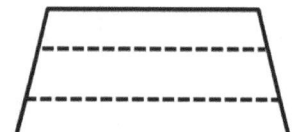 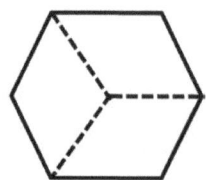

5. 将另一个三角形添加到在习题3中制作的梯形中，制作一个平行四边形。在下面绘制新形状。

   a. 形状现在有多少等份？_____
   b. 形状有多少四等分？_____

6. 圈出显示四等分的形状。

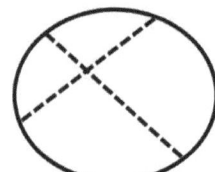 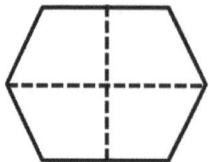 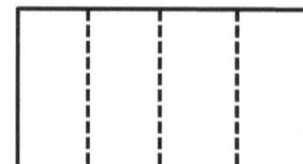

姓名 _____   日期 _____

1. 圈出显示三等分的形状。

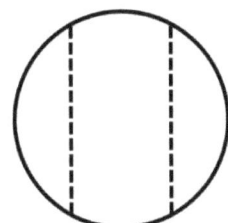 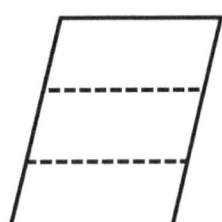 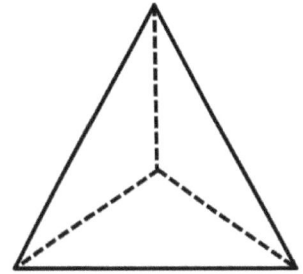

2. 圈出显示四等分的形状。

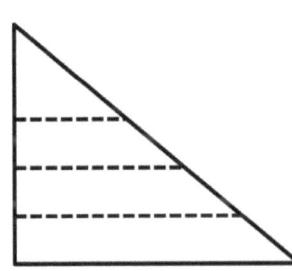 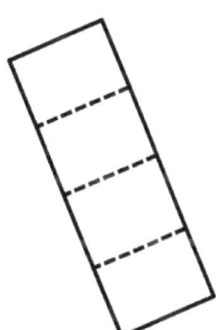 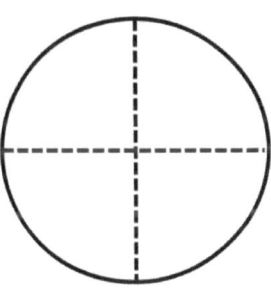

R（仔细阅读习题。）

学生们正在用三角形和正方形制作更大的形状。

他们收起了所有的72个三角形。地毯上仍然有48个正方形。

开始时地毯上有多少个三角形和正方形？

D（画一幅图片。）

W（编写并求解方程式。）

W（写一个与故事相符的陈述句。）

_____

_____

_____

姓名 _____ 日期 _____

1. 使用一个图案块覆盖菱形的一半。

   a. 识别用于遮盖一半菱形的图案块。_____

   b. 绘制由两半形成的菱形的图片。

2. 使用一个图案块覆盖菱形的一半。

   a. 识别用于覆盖六边形一半的图案块。_____

   b. 绘制由两半部分形成的六边形的图片。

3. 使用一个图案块覆盖六角形的三分之一。

   a. 识别用于覆盖三分之一的六边形的图案块。_____

   b. 绘制由3个三分之一形成的六边形的图片。

4. 使用一个图案块覆盖梯形的三分之一。

   a. 识别用于覆盖梯形三分之一的图案块。_____

   b. 绘制由3个三分之一形成的梯形的图片。

第 8 课: 将复合形状中的相等份额解释为一半，三分之一和四分之一。

5. 使用4个正方形图案块来制作一个更大的正方形。

   a. 在下面的空白处绘制形成的正方形图片。

   b. 着色1个小正方形。每个小正方形是整个正方形的 1 个 _____（一半/三分之一/四分之一）。

   c. 再着色1个小正方形。现在，整个正方形的2个 _____（一半/三分之一/四分之一）已经上色。

   d. 并且正方形的2个四分之一等于整个正方形的1个 _____（一半/三分之一/四分之一）。

   e. 再着色2个小正方形。_____ 个四分之一等于1个整体。

6. 使用一个图案块覆盖六分之一的六角形。

   a. 标识用于覆盖六分之一六边形的图案块。_____

   b. 绘制由6个六分之一形成的六边形的图片。

单位的故事　　　　　　　　　　　　　　　　第 8 课课堂反馈条　2•8

姓名 _____　　　日期 _____

命名用于覆盖矩形一半的图案块。_____

使用以下形状绘制用于覆盖2个一半的图案块。

[矩形]

第 8 课：　将复合形状中的相等份额解释为一半，三分之一和四分之一。

R（仔细阅读习题。）

汤普森先生的班级为一次外出活动筹集了96美元。他们总共需要筹集120美元。

a. 他们还需要筹集多少资金才能达到自己的目标？

b. 如果他们再筹集86美元，他们会有多少额外的资金？

D（画一幅图片。）

W（编写并求解方程式。）

W（写一个与故事相符的陈述句。）

a.

b.

姓名 _____   日期 _____

1. 圈出具有2个相等部分的形状，其中1个等份上色。

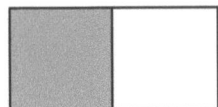 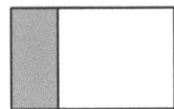 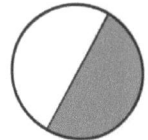 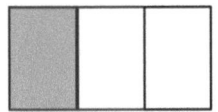

2. 将分成两个等份的形状的一半上色。一个已经为你完成。

3. 分割形状以显示一半。上色每个一半。将你的一半与伙伴的一半进行比较。

a.

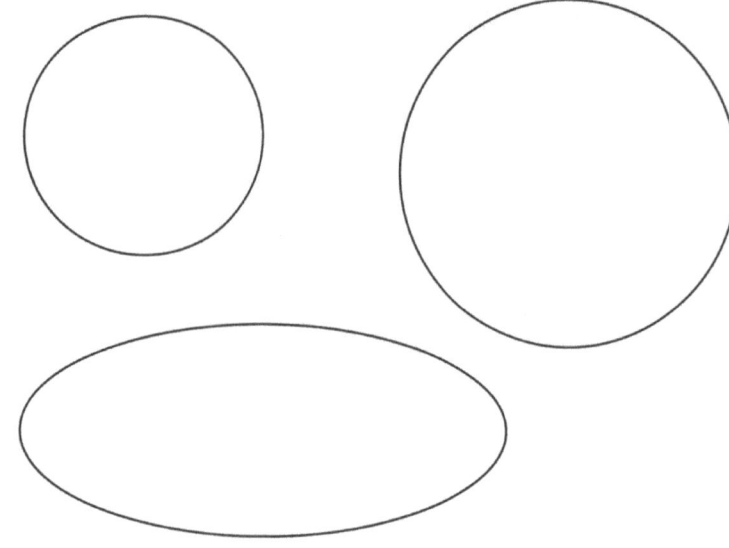

b.

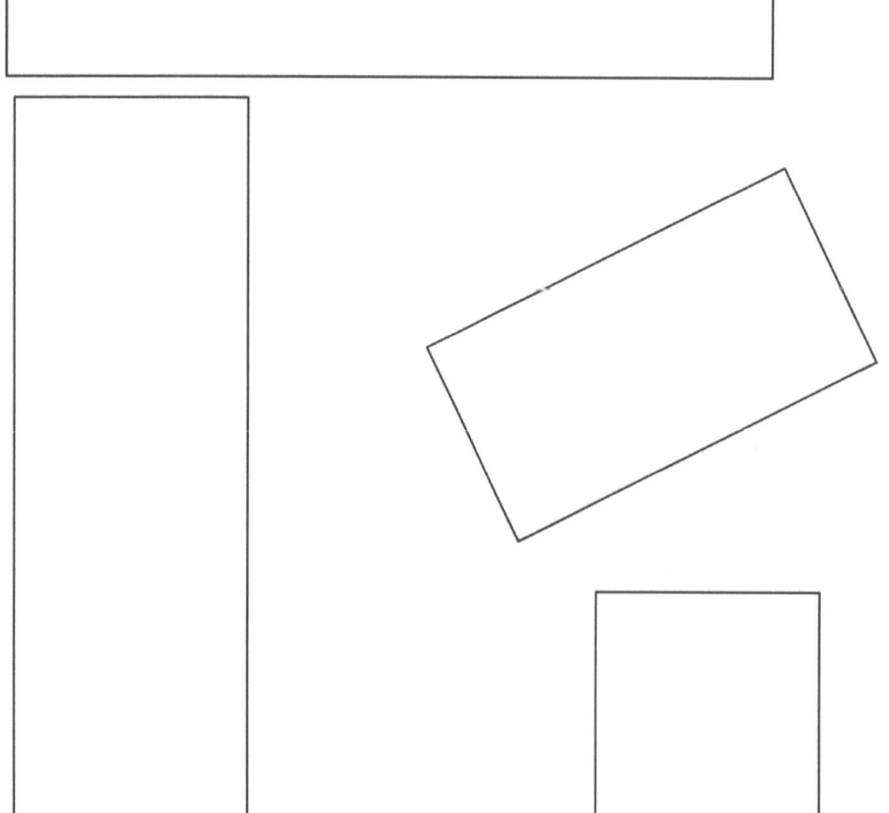

单位的故事

姓名 _____ 日期 _____

将分成两个等份的形状的一半上色。

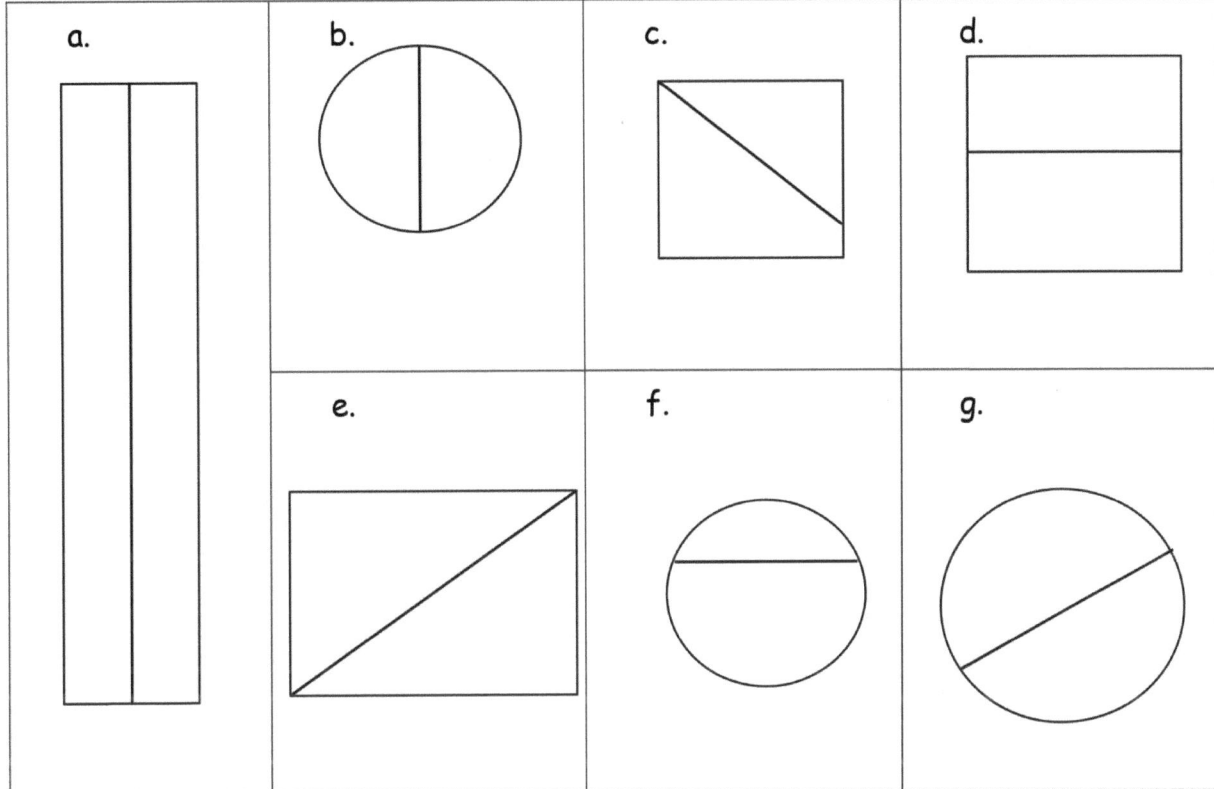

第 9 课: 将圆和矩形划分为相等的部分，并将这些部分描述为一半、三分之一或四分之一。

单位的故事 | 第 9 课 模板2 | 2•8

a.

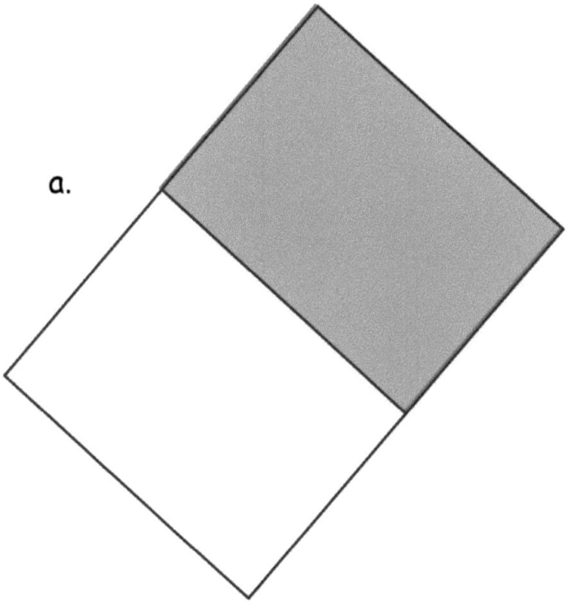

b.

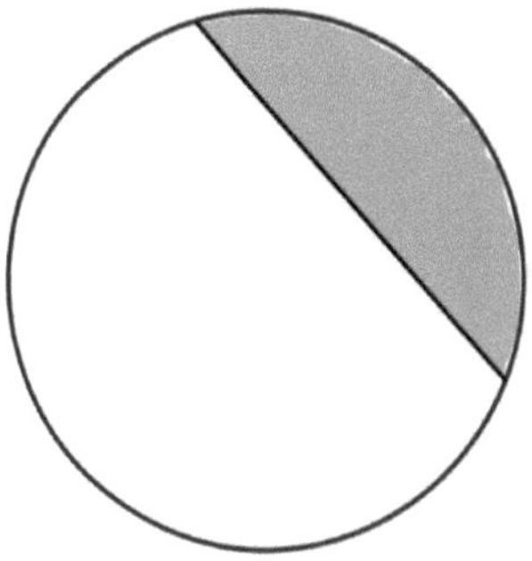

c.

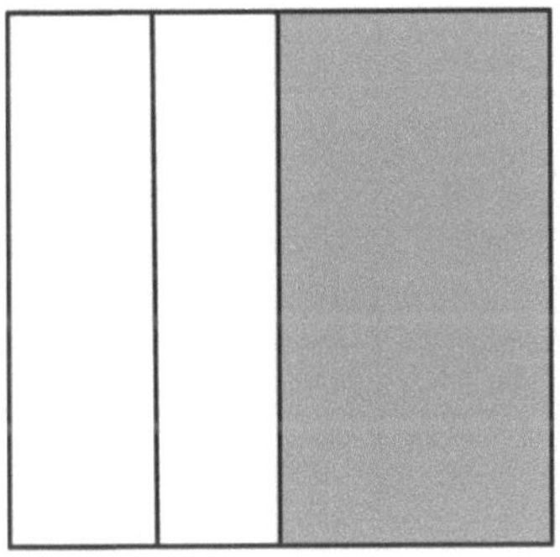

d.

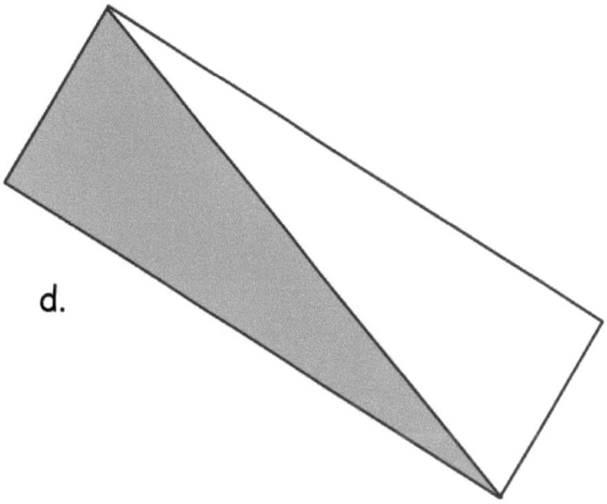

e.

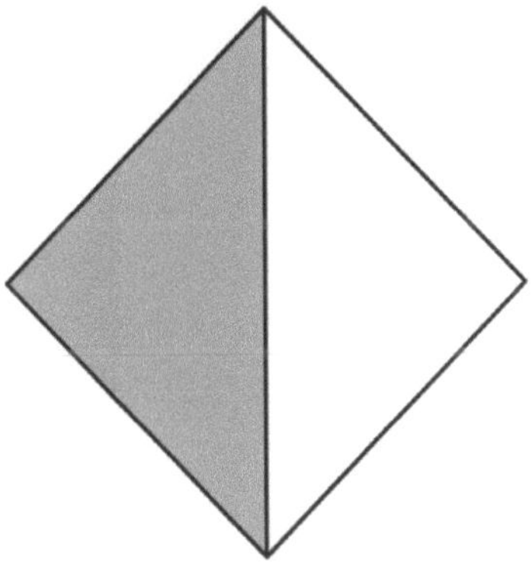

f.

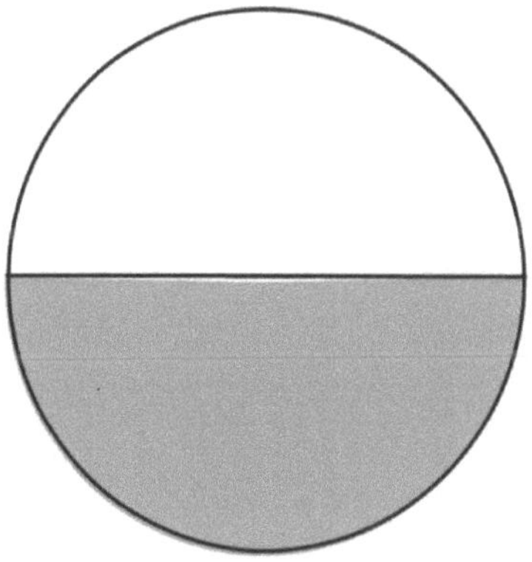

上色的形状

第 9 课: 将圆和矩形划分为相等的部分,并将这些部分描述为一半、三分之一或四分之一。

55

R（仔细阅读习题。）

费利克斯正在分发抽奖券。他分发了98张，还剩下57张。他必须从多少抽奖券开始？

D（画一幅图片。）

W（编写并求解方程式。）

W（写一个与故事相符的陈述句。）

_____

_____

姓名 _____ 日期 _____

1. a. 习题1(a)中的形状显示一半还是三分之一？ _____

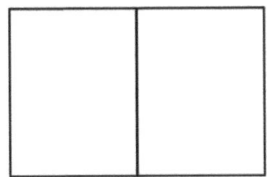 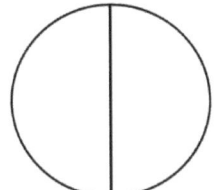 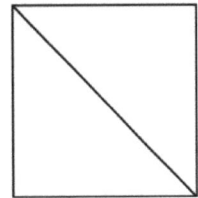 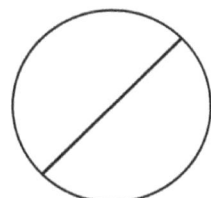

   b. 多画1条线以将上面的每个形状分成四分之一。

2. 将每个矩形分成三等份。然后，按照说明上色形状。

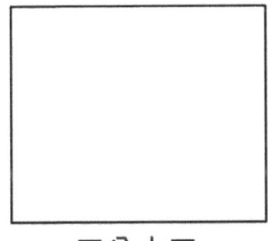  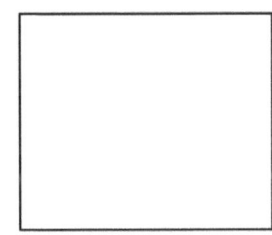

三分之三　　　　　　　　三分之二　　　　　　　　三分之一

3. 将每个圆圈划分为四等分。然后，按照说明上色形状。

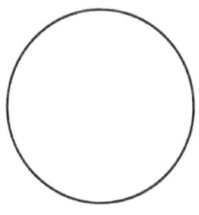 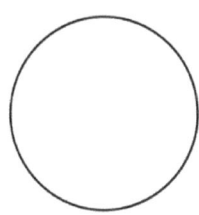 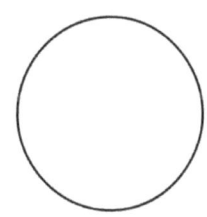 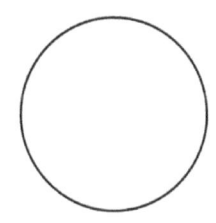

四分之四　　　　四分之三　　　　四分之二　　　　四分之一

4. 按照说明对以下形状进行分割和着色。每个矩形或圆形都是一个整体。

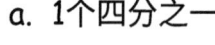 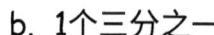 c. 一半

 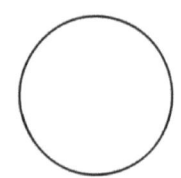 

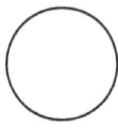  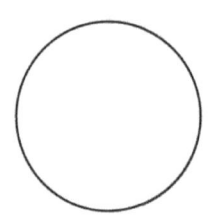

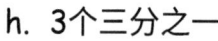 

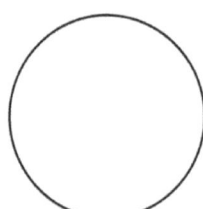 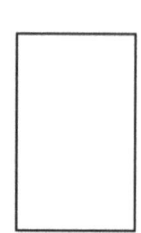 

5. 将下面的比萨饼分开，这样玛丽亚、保罗、何塞和马克可各得到一个等份。用他或她的姓名标记每个学生的份额。

   a. 每个男孩都吃了比萨的多少部分？

   b. 男孩们总共吃了多少份额的比萨饼？

姓名 _____   日期 _____

按照说明对以下形状进行分割和着色。每个矩形或圆形都是一个整体。

1. 2个一半

2. 2个三分之一

3. 1个三分之一

4. 一半

5. 2个四分之一

6. 1个四分之一

第10课： 将圆和矩形划分为相等的部分，并将这些部分描述为一半，三分之一或四分之一。

矩形和圆形

第10课: 将圆和矩形划分为相等的部分,并将这些部分描述为一半,三分之一或四分之一。

R（仔细阅读习题。）

雅各布收集了70张棒球卡。他把其中的一半给了他的兄弟萨米。雅各剩下多少张棒球卡？

D（画一幅图片。）

W（编写并求解方程式。）

W（写一个与故事相符的陈述句。）

_____

_____

_____

姓名 _____ 日期 _____

1. 对于部分(a)、(c)和(e)，标识上色区域。

   a. 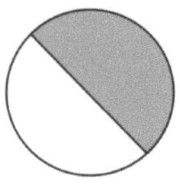　　　　

   _____个一半　　　　_____个一半

   b. 圈出上方上色区域以显示1个整体的形状。

   c. 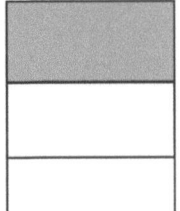　　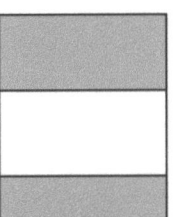　　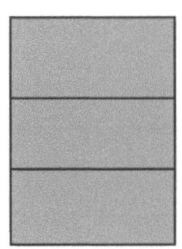

   _____个三分之一　　_____个三分之一　　_____个三分之一

   d. 圈出上方上色区域以显示1个整体的形状。

   e. 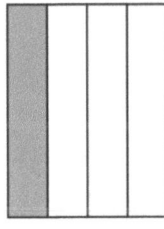　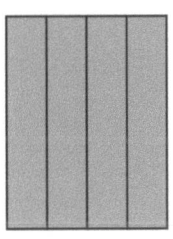　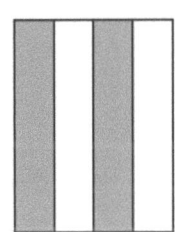　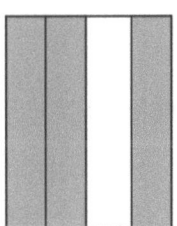

   _____个四分之一　_____个四分之一　_____个四分之一　_____个四分之一

   f. 圈出上方上色区域以显示1个整体的形状。

第 11 课： 用相等部分的数量描述一个整体，包括2个二分之一、3个三分之一和4个四分之一。

2. 你需要着色多少才能着色1个整体？

a.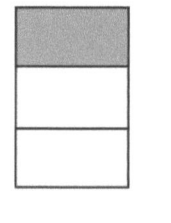
_____

b.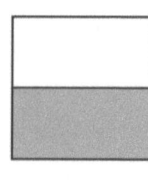
_____

c.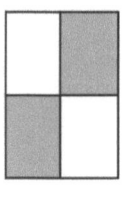
_____

d.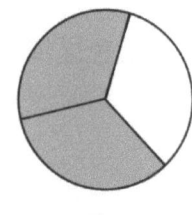
_____

e.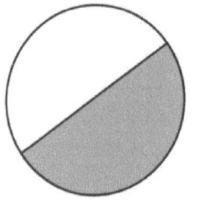
_____

f.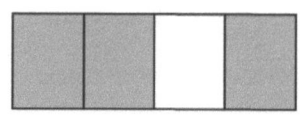
_____

3. 完成图形以显示1个整体。

a. 这是一半。
   绘制1个整体。

b. 这是1个三分之一。
   绘制1个整体。
   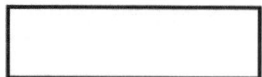

c. 这是1个四分之一。
   绘制1个整体。

单位的故事 第 11 课课堂反馈条 2•8

姓名 _____   日期 _____

你需要着色多少才能着色1个整体？

1.

_____

2.

_____

3.

_____

4.

_____

第 11 课： 用相等部分的数量描述一个整体，包括2个二分之一、3个三分之一和4个四分之一。

R（仔细阅读习题。）

杜古制作两个披萨饼为自己和5个朋友分享。他希望每个人都能平均地享用披萨。他应该把披萨切成两半，三等分或四等分？

D（画一幅图片。）

W（写一个与故事相符的陈述句。）

_____

_____

_____

姓名 _____ 日期 _____

1. 用2种不同的方式划分矩形以显示相等的份额。

   a. 2个一半

   b. 3个三分之一

   c. 4个四分之一

2. 使用矩形的一半和由4个小三角形表示的一半来构建原始的整个正方形。在下面的空白处绘制。

3. 使用整个正方形的不同颜色的两半。

   a. 将正方形切成两半，以制作2个相等大小的矩形。

   b. 重新排列两半以创建没有间隙或重叠的新矩形。

   c. 将每个相等的部分切成两半，以制成4个相等大小的正方形。

   d. 重新排列新的相份以创建不同的多边形。

   e. 从下面的(d)部分绘制一个新的多边形。

扩展

4. 切割圆圈。

   a. 将圆圈切成两半。

   b. 重新排列两半以创建没有间隙或重叠的新形状。

   c. 将每个等份切割成两半。

   d. 重新排列等份以创建没有间隙或重叠的新形状。

   e. 从下面的(d)部分绘制新形状。

姓名 _____   日期 _____

用2种不同的方式划分矩形以显示相等的份额。

1. 2个一半

2. 3个三分之一

3. 4个四分之一

第12课：　　认识到同一矩形的相等部分可以具有不同的形状。

姓名 _____ 日期 _____

1. 用以下文字说明每个时钟在下面的空白处的阴影部分是多少：四分之一，数个四分之一，一半，数个一半。

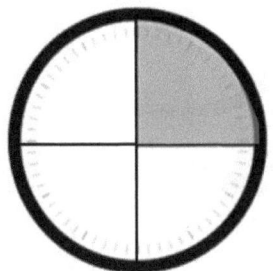 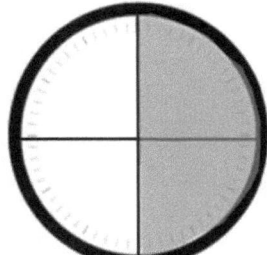 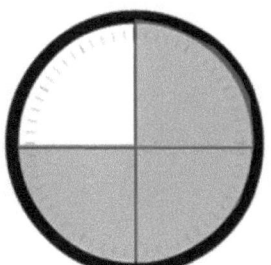 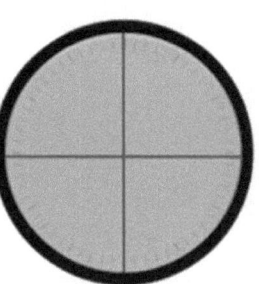

_____ _____ _____ _____

2. 写下每个时钟上显示的时间。

a.

_____

b.

_____

c.

_____

d.

_____

3. 通过画一条线,将每个时间匹配到正确的时钟。

- 4点差15分钟

- 8点半

- 8:30

- 3:45

- 1:15

3. 在时钟上画分针以显示正确的时间。

3:45

11:30

6:15

姓名 _____   日期 _____

在时钟上画分针以显示正确的时间。

7点半

12:15

差1刻3点

R（仔细阅读习题。）

巧克力蛋糕需要45分钟烘烤。披萨比巧克力蛋糕少花半小时的时间加热。披萨要多长时间才能加热？

D（画一幅图片。）

W（编写并求解方程式。）

第14课： 说明到最近五分钟的时间。

W（写一个与故事相符的陈述句。）

_____

_____

姓名 _____   日期 _____

1. 写出缺少的数字。

   60, 55, 50, _____, 40, _____, _____, _____, 20, _____, _____, _____, _____,

2. 填写钟面上缺少的数字以显示分钟。

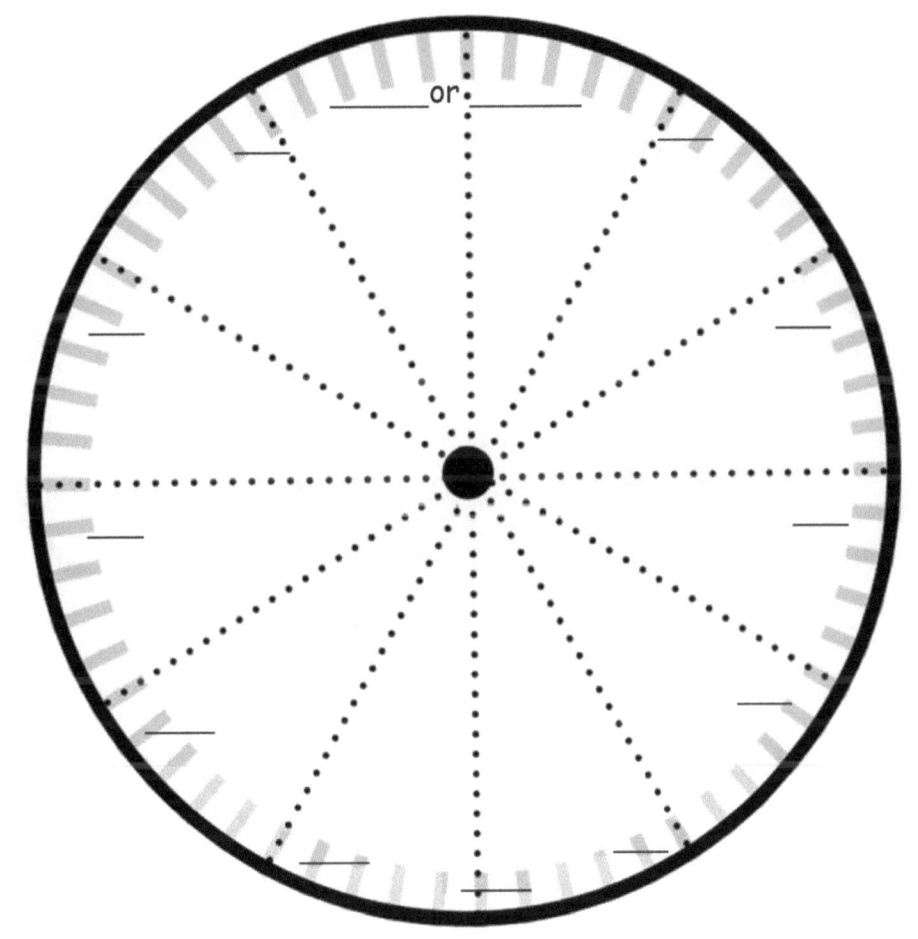

3. 在时钟上画出时针和分针以匹配正确的时间。

4. 现在时间是几点？

_____   _____

姓名 _____ 日期 _____

在时钟上画出时针和分针以匹配正确的时间。

12:55

5:25

第 14 课: 说明到最近五分钟的时间。

R（仔细阅读习题。）

在纪念学校，学生有15分钟的上午课间休息时间，有33分钟的午餐时间。他们总共有多少空闲时间？他们午饭时间比休息时间多多少？

D（画一幅图片。）

W（编写并求解方程式。）

W（写一个与故事相符的陈述句。）

_____

_____

_____

姓名 _____   日期 _____

1. 确定以下活动是在上午还是下午进行. 圈出你的答案。

   a. 起床上学   a.m. / p.m.

   b. 吃晚饭   a.m. / p.m.

   c. 阅读睡前故事   a.m. / p.m.

   d. 做早餐   a.m. / p.m.

   e. 放学后有个玩耍约会   a.m. / p.m.

   f. 上床睡觉   a.m. / p.m.

   g. 吃一块蛋糕   a.m. / p.m.

   h. 吃午饭   a.m. / p.m.

2. 绘制模拟时钟上的指针与数字时钟上的时间匹配。然后根据给出的说明圈出**上午或下午**。

   a. 起床后刷牙

   7:10　**上午或下午**

   b. 完成作业

   5:55　**上午或下午**

3. 写下你上午或下午**可能要做的事情**。

   a. **上午** _____

   b. **下午** _____

4. 时钟显示几点？

   _____ : _____

单位的故事 第 15 课课堂反馈条 2•8

姓名 _____ 日期 _____

绘制模拟时钟上的指针与数字时钟上的时间匹配。然后根据给出的说明圈出**上午或下午**。

1. 太阳升起了。

   6:10   上午或下午

2. 遛狗

   3:40   上午或下午

第 15 课: 说明到最近的五分钟时间；将上午和下午与一天中的时间相关联。

写下时间。圈出上午或下午。

上午/下午

讲述时间故事（大）

第15课： 说明到最近的五分钟时间；将上午和下午与一天中的时间相关联。

写下时间。圈出上午或下午。

_____
上午/下午

_____
讲述时间故事（大）

单位的故事 第 15 课模板 2 2•8

写下时间。圈出上午或下午。

_____ 上午/下午

讲述时间故事（大）

第 15 课： 说明到最近的五分钟时间；将上午和下午与一天中的时间相关联。

单位的故事　　　　　　　　　　　　　　　　　　　　　　　　　　第15课模板2　2•8

写下时间。圈出上午或下午。

上午/下午

讲时间故事（大）

第15课： 说明到最近的五分钟时间；将上午和下午与一天中的时间相关联。

写下时间。圈出上午或下午。

_____
上午/下午

讲时间故事（大）

写下时间。圈出上午或下午。

上午/下午

讲时间故事（大）

写下时间。圈出上午或下午。

上午/下午

讲时间故事（大）

单位的故事 第 15 课模板 2 2•8

写下时间。圈出上午或下午。

上午/下午

讲时间故事(大)

第 15 课: 说明到最近的五分钟时间；将上午和下午与一天中的时间相关联。

第16课应用题

R（仔细阅读习题。）

在星期六，吉恩可能只看一个小时动画片。她的第一部动画片持续14分钟，第二部动画片持续28分钟。休息5分钟后，吉恩观看了15分钟的动画片。吉恩花了多少时间看动画片？她突破了时间限制吗？

D（画一幅图片。）

W（编写并求解方程式。）

第16课： 求解涉及经过整个小时和半小时的时间习题。

W（写一个与故事相符的陈述句。）

姓名 _____   日期 _____

1. 时间过去了多少？

   a. 6:30 上午 → 7:00 上午   _____

   b. 4:00 下午 → 9:00 下午   _____

   c. 11:00 上午 → 5:00 下午   _____

   d. 3:30 上午 → 10:30 上午   _____

   e. 7:00 下午 → 1:30 上午   _____

   f.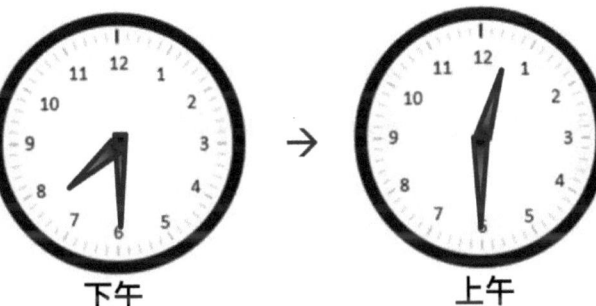

   g.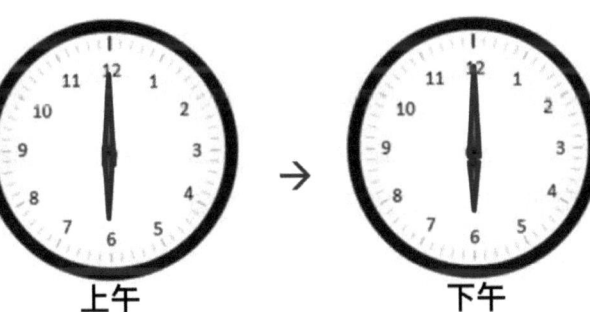

   h.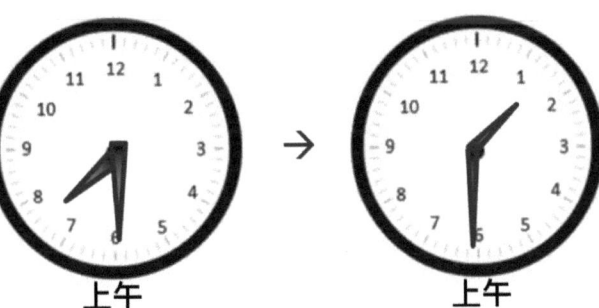

2. 解题。

   a. 特雷西早上7:30到达学校。她在下午3:30离开学校。特雷西在学校有多长时间？

   b. 安娜在舞蹈练习上花费了3个小时。她在下午6:15结束。她什么时候开始的？

   c. 安迪在下午4:30完成了棒球练习。他的练习长达2个小时。他的棒球练习什么时间开始？

   d. 马库斯进行了一次公路旅行。他于星期一上午7:00离开，开车一直到下午4:00。周二，马库斯从上午6:00开车到下午3:30。星期一和星期二他开车多长时间？

姓名 _____   日期 _____

时间过去了多少？

1. 3:00 下午 → 11:00 下午   _____

2. 5:00 上午 → 12:00 下午（中午）   _____

3. 9:30 下午 → 7:30 上午   _____

鸣谢

Great Minds®竭尽全力获得转载所有版权教材的许可。如对任何版权材料的拥有人未在此致谢，请联系 Great Minds，以在未来的版本以及本模块的转载中获得正确的致谢。

Printed by Libri Plureos GmbH in Hamburg, Germany